Frühlingszeit - filigran umrahmt

Fensterbilder aus Tonkarton

frechverlag

Eine Auswahl weiterer Titel von Armin Täubner:

TOPP 1443

TOPP 1271

TOPP 1267

TOPP 1594

TOPP 1796

TOPP 1916

Zeichnungen: Armin Täubner
Fotos: frechverlag GmbH + Co. Druck KG, 70499 Stuttgart; Birgitt Gutermuth

Auflage: 5. 4. 3. 2. 1. | Letzte Zahlen
Jahr: 2000 99 98 97 96 | maßgebend

frechverlag GmbH + Co. Druck KG, 70499 Stuttgart
ISBN 3-7724-2029-X · Best.-Nr. 2029
Druck: frechverlag GmbH + Co. Druck KG, 70499 Stuttgart

Frühlingslied

Der Frühling hat sich eingestellt,
wohlan, wer will ihn sehn?
Der muß hinaus ins freie Feld,
ins grüne Feld nun gehn.

Er hielt im Walde sich versteckt,
daß niemand ihn mehr sah;
ein Vöglein hat ihn aufgeweckt,
jetzt ist er wieder da.

Jetzt ist der Frühling wieder da;
ihm folgt, wohin er zieht,
nur lauter Freude fern und nah
und lauter Spiel und Lied.

Und allen hat er, groß und klein,
was Schönes mitgebracht;
und sollt's auch nur ein Sträußchen sein,
er hat an uns gedacht.

Drum frisch hinaus ins freie Feld,
ins grüne Feld hinaus!
Der Frühling hat sich eingestellt;
wer bliebe da zu Haus?

Worte: Heinrich Hoffmann von Fallersleben

Schritt-für-Schritt-Anleitung

1

Übertragen Sie alle Motivteile ohne Überschneidungen mit Bleistift auf Transparentpapier. Vom Rahmen fertigen Sie eine Fotokopie an, oder Sie pausen ihn ebenfalls ab.

Das abgepauste Motiv kleben Sie auf einen dünnen Karton.

3

Nun werden die Teile mit Schere oder Cutter exakt ausgeschnitten. Das sind Ihre Schablonen.

Die Schablonen legen Sie auf den Tonkarton und ziehen die Umrisse mit Bleistift nach. Mit Schere und Cutter werden die einzelnen Teile ausgeschnitten.

Schritt-für-Schritt-Anleitung

Heften Sie den fotokopierten Rahmen mit dem Tacker an mehreren Stellen auf Tonkarton in der gewünschten Farbe.

5

Mit dem Cutter werden zuerst die kleinen Innenflächen herausgeschnitten. Es folgt das große Mittelteil. Den äußeren Rand des Rahmens schneiden Sie erst ganz zum Schluß mit dem Cutter oder der Schere nach.

6

Zum Schluß wird das zusammengeklebte Motiv auf dem Rahmen befestigt.

7

Auf zum Weckruf

Bei diesem Fensterbild sind Rahmen und Hahn ein Teil.

Zuerst wird am Kopf das rote Kamm-Kehlsack-Teil (gestrichelte Linie) und darauf der gelbe Schnabel befestigt. Das Auge malen Sie am besten mit einer Kreisschablone auf.

Nun können die gelben Füße und die separat ausgeschnittenen Schwanzfedern aufgeklebt werden.

In den Flügel schneiden Sie mit dem Cutter zwei schmale Streifen und befestigen ihn dann am Rumpf.

Grüß Dich, lieber Osterhase

Kleben Sie zuerst das Blattgrün der Tulpen auf den weißen Rahmen. Nun können die Blüten angebracht werden.

Am braunen Hasenkörper wird der Schwanz sowie die weiße Innenfläche des rechten Ohrs befestigt. Das Vorderbein kleben Sie erst später an, wenn sich Hase und Zwerg gegenüberstehen.

Das Zwergengesicht wird an den V-förmigen Ausschnitt der Mütze gelegt, darüber wird das weiße Haar-Bart-Teil geklebt. Am Zwergenkittel können Sie dann von hinten die Hose samt Schuhen anbringen.

Jetzt können sich Zwerg und Hase auf dem Fensterbild begrüßen. Zuletzt werden Hasenvorderbein bzw. Zwergenärmel angeklebt.

Hoffentlich sieht mich keiner

Ist die Grünfläche am roten Rahmen befestigt, stellen Sie das Kätzchen ganz an den linken Rand des Rasenstücks, damit vor ihm noch genügend Platz ist für die bunten Ostereier und den umgestürzten Eierkorb.

Komm, spiel mit mir

Bei den Fußpaaren der beiden Entchen wird jeweils ein Bein von vorne, das andere von hinten am Rumpf befestigt. Kleben Sie noch Schnäbel und Flügel an.

Die Augen werden aufgemalt. Am Rahmen fixieren Sie nun die Grünfläche, bevor Sie die beiden Entchen daraufstellen.

Osterhasentänzchen

Zunächst erhalten die beiden tanzenden Hasen jeweils das zweite Vorderbein, einen Schwanz und eine helle Ohreninnenfläche. Nun kann das Gesicht aufgemalt werden.

An den weißen Rahmen kleben Sie jetzt die grüne Wiese und darauf die beiden Hasen. Abschließend werden noch einige Ostereier auf der Wiese verteilt.

Komm doch ´rauf

An den braunen Zweigen werden die weißen Palmkätzchen (gestrichelte Linie) befestigt.
Darunter kleben Sie das Rasenstück auf den Rahmen.

Beim rechten Küken wird das Fußteil von hinten am Rumpf angebracht. Setzen Sie dieses Küken auf den unteren Weidenzweig.

Der Fuß des anderen Kükens wird von vorne aufgeklebt. Dieses Küken kann sich nun unter dem Zweig auf dem Rasen niederlassen.

Es ist nicht mehr weit

Ist die Grünfläche am Rahmen befestigt,
wird der Baum angeklebt.

Der Osterhase erhält seinen Rückenkorb samt Eiern. Vorderbein, Schwanz und Ohrinnenfläche werden angebracht. Vergessen Sie nicht, das Hasenauge aufzumalen.

Nun kann der Osterhase mit dem Eierverstecken beginnen. Aus Stabilitätsgründen sollte der Hasenkopf am Baum fixiert werden.

Frisch geschlüpft

Am Kükenkörper werden Schnabel, Fuß und Flügel befestigt. Nun malen Sie das Auge am besten mit einer Kreisschablone und einem Tuschefüller auf.

Kleben Sie jetzt auf den weißen Rahmen zuerst das Rasenstück, dann das Küken und schließlich die Eierschalen.

Schau mir in die Augen Kleines

Kleben Sie die dreieckige Rasenfläche
auf den rosa Rahmen.

Die Häschen werden als ein Teil ausgeschnitten
und erhalten Augen und Nase,
bevor sie sich auf dem Rasen niederlassen.

Zum Schluß wird die Grünfläche noch mit kleinen
weißen Tulpenblüten verziert.

Mäuse im Frühling

Beide Mäuse erhalten Ohren und aufgemalte Gesichter. Nun wird eine Maus von hinten an die Leiter geklebt. Ihre Pfötchen befinden sich auf der zweiten und der vierten Sprosse bzw. am Holm in dieser Höhe.

Achten Sie beim Befestigen der Leiter darauf, daß sie unter dem Zweig durchgeschoben wird.

Die zweite Maus stellen Sie neben der Leiter ins Gras.

Mit der Zackenschere werden die weißen Blüten ausgeschnitten, in ihre Mitte werden gelbe Kartonpunkte geklebt.

Frühlingsidylle

Auf die weiße Rahmeninnenfläche kleben Sie zuerst das hellblaue Quadrat und darauf die etwa halb so große Wiesenfläche. Am Himmel werden noch die Sonne und die Wolken angebracht.

Die Schafe bestehen jeweils aus drei Teilen. Der braune Kopf wird von hinten, das Ohr von vorne am weißen Rumpf befestigt. Nun malen Sie die Gesichter auf.

Abschließend werden die Schafe und die Wacholderbüsche auf der Wiese angeordnet.

Die ersten Veilchen

Das Küken erhält Schnabel, Fuß und Flügel und wird in der Rahmenmitte befestigt.

Die beiden Veilchenpflanzen sind identisch und werden spiegelverkehrt am weißen Rahmen fixiert. Zum Schluß kleben Sie noch die zweiteiligen Veilchenblüten an. Die gelben Blütenmitten können Sie mit dem Locher ausstanzen.

Osterüberraschung

Auf dem Hasenrücken wird der Korb befestigt.
Die Eier werden von hinten angebracht.

Von vorne kleben Sie nun Vorderbein, Schwanz
und die helle Ohrinnenfläche an.

Am Rahmen wird die Grünfläche und darauf der
Osterhase samt Wanderstock befestigt.

Veilchenstrauß

Kleben Sie das Blatt-Teil auf die lila Vase.

Mit dem Locher werden gelbe Kartonpunkte ausgestanzt und in die Mitte der Veilchenblüten sowie in die Ecken des weißen Rahmens geklebt. Anschließend befestigen Sie die Blüten an den Stielen bzw. am Blattgrün.
Zum Schluß wird die Blumenvase am Rahmen fixiert.

Osterinsel gesucht

Auf den weißen Rahmen kleben Sie das gelbe Hügelteil (gestrichelte Linie) und darauf das blaue Wasserteil (durchgezogene Linie).

Nun erhält das rote Segelboot (durchgezogene Linie) zwei weiße Segel (gestrichelte Linien) und kann dann zu Wasser gelassen werden.

Ein Zaungast

Kleben Sie Schnabel und Flügel an. Nun wird das Auge aufgemalt.

Achten Sie beim Befestigen des Fußteils darauf, daß ein Bein von vorne, das andere von hinten am Gänserumpf angeklebt wird.

Zum Schluß kann sich die Gans vor dem roten Zaun aufstellen.